CHRONOMÈTRE
SOLAIRE

UNIVERSEL ET PORTATIF

SERVANT A DÉTERMINER

LA LATITUDE, LA MÉRIDIENNE

ET L'HEURE MOYENNE

BREVETÉ s. g. d. g.

PARIS

IMPRIMERIE V.-A. CRESSON

4, rue des Immeubles-Industriels.

Le Chronomètre portatif a pour distance focale $0^m,075$ millimètres ; il existe des modèles en français, anglais, allemand, italien et espagnol, suivant la réforme grégorienne.

En russe et en grec, suivant la réforme julienne.

Il existe aussi un modèle ayant $0^m,450$ millimètres de distance focale donnant une approximation de deux secondes. Il ne s'exécute que sur commande et n'est pas portatif.

Tous les Chronomètres portent la marque de fabrique :

≫VF≫

Ils sont réglés à l'aide d'un soleil fictif, leur précision est garantie.

Toutes les pièces sont recouvertes de nickel et inoxydables à l'air.

NOTICE DESCRIPTIVE

L'Académie des Sciences, dans sa séance du 18 Août 1862, a chargé l'un de ses membres, feu Delaunay, de lui faire un rapport sur le Chronomètre présenté par MM. P. et V. Fléchet.

Publiant alors la quatrième édition de son *Cours d'astronomie*, Ch. Delaunay y a donné la description complète de l'appareil présenté à l'Académie; il dit, en résumé (1) :

« Le Chronomètre solaire de M. Fléchet, n'est autre chose que
« l'équatorial, réduit à son plus grand état de simplicité, en
« vue du genre d'observation que je viens d'indiquer. »

Ce premier modèle, créé en 1860, fournit l'heure moyenne et la date.

Le nouvel instrument dont la description suit, donne d'autres résultats.

Il fournit la latitude, l'heure moyenne et la méridienne, et offre l'avantage d'être universel et portatif.

Trois cercles concentriques : un cercle équatorial, un cercle horaire et un cercle méridien, sont les trois organes essentiels du nouveau Chronomètre. Toutes les autres parties ne servent qu'à maintenir ces trois cercles dans les positions qu'ils doivent

(1) V. Masson, éditeur.

occuper, tout en leur permettant certains mouvements, qui ne sont que la reproduction de ceux de la terre par rapport au soleil.

— PREMIER MOUVEMENT —

Ce Chronomètre peut tourner sur son socle, autour de la ligne verticale passant par le centre des cercles; la vis qui le réunit à la boîte lui sert d'axe.

— SECOND MOUVEMENT —

Tous les cercles peuvent tourner ensemble, autour de leur axe horizontal passant par leur centre et leurs supports. Pendant ce mouvement, le cercle méridien glisse dans la rainure pratiquée à la tête du boulon, dont la tige, également fendue, pénètre dans le pied et y réunit les cercles à l'aide d'une goupille E. Avec la vis de pression P on peut faire fléchir l'une des parties de ce même boulon et presser le cercle méridien, pour empêcher à volonté le mouvement de tous les cercles autour de l'axe horizontal. Cette disposition permet toujours de les fixer à l'inclinaison qui correspond à la latitude du lieu.

— TROISIÈME MOUVEMENT —

Le cercle horaire peut tourner autour de celui de ses diamètres $a\ m$, perpendiculaire au cercle équatorial et représentant l'axe du monde. Ce cercle pourra ainsi être amené dans la direction du soleil, toutes les fois qu'on le voudra; intérieurement il porte un écran, et en face il est percé d'un petit trou livrant passage à un rayon lumineux qui vient sur cet écran reproduire l'image du soleil sous la forme d'un point, au milieu de l'ombre projetée par le cercle.

Trois lignes sont tracées sur cet écran :

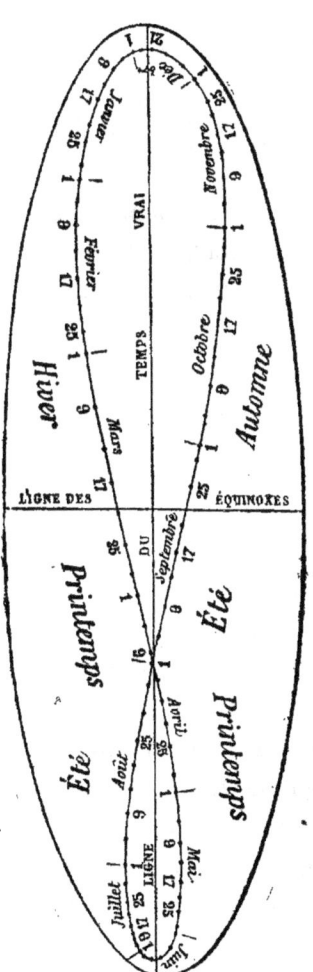

1° Une ligne correspondant aux équinoxes.

2° La méridienne du temps vrai.

Ces deux lignes perpendiculaires entre elles, forment très-sensiblement la division des saisons.

3° La méridienne du temps moyen dont la forme se rapproche du chiffre 8 ; elle a pour axes les deux premières lignes, et pour ordonnées la différence des temps avec la ligne du temps vrai et avec la ligne des équinoxes, les déclinaisons solaires établies sur une moyenne de dix années d'après les indications du Bureau des longitudes.

Ces ordonnées sont calculées de quatre en quatre jours et marquées par un point, et de huit jours en huit jours, avec la date correspondante.

Cette méridienne du temps moyen, constitue un calendrier perpétuel suivant la réforme grégorienne.

On comprendra qu'il est facile d'apprécier la position qu'occuperait le point correspondant au jour où l'on opère, s'il n'est pas marqué. Ainsi, le 7 Octobre se trouve à égale distance du 5 et du 9. Le 12 se trouve à côté du 13 et au-dessous.

Aux mois de juin et de décembre, l'espace se trouvant restreint, les 1er, 7, 14, 21 et 28 y sont indiqués par un point, le 21 seulement par la date; on apprécie néanmoins la position qu'il faut faire occuper à l'image du soleil.

Les années bissextiles on transposera le point d'un jour depuis le 28 février jusqu'au solstice d'été.

Toute la manœuvre du Chronomètre consiste à amener l'image du soleil qui se produit sur l'écran, à coïncider avec la date du jour sur la méridienne du temps moyen ou calendrier.

Cette coïncidence est toujours possible à obtenir à l'aide des trois mouvements qui ont été décrits.

Le pied porte un niveau à éther et rectifiable (1).

INSTALLATION

Le couvercle de la boîte est attaché au fond par deux petites goupilles placées latéralement; elles en traversent deux autres qu'il faut enlever ainsi que les deux premières. Le couvercle, auquel est attaché le pied de l'appareil, ayant été retourné, on retirera du fond de la boîte le corps de l'instrument, une pièce en verre cylindrique destinée à faciliter la lecture, un petit tournevis et une cinquième goupille dont la tête est recourbée.

Avec le tournevis on fera faire environ cinq tours à chacune des vis calantes, afin de leur donner la course nécessaire à leur fonctionnement; elles servent de pieds au fond de la boîte retourné, sur lequel se replace le couvercle également retourné, et ils sont assemblés par les deux plus grandes goupilles replacées dans leurs trous la tête en haut $g\ g$.

---

(1) Pour rectifier le niveau (s'il y a lieu), il est nécessaire d'enlever la vis d'axe du pied, pour manœuvrer par-dessous celle qui sert à cet usage.

Pour dresser les cercles de l'instrument, il faut les faire tourner séparément sur leurs axes, enlever la petite vis placée sur le cercle équatorial en opposition à sa division, pour la remettre à la même place après y avoir amené le cercle méridien, dans l'épaisseur duquel elle doit se loger.

Le demi-cercle qui sert de support à tous les autres cercles, porte un boulon dont la tige pénètre dans le pied et s'y fixe solidement à l'aide de la goupille à tête recourbée que l'on a retirée de la boîte.

Le Chronomètre étant ainsi complètement monté, pour obtenir n'importe quel résultat, il est indispensable d'amener préalablement le socle formé par les deux parties de la boîte, à une position horizontale à l'aide du niveau et des trois vis calantes.

LATITUDE

La latitude d'un lieu, c'est sa plus courte distance à l'équateur. L'angle qui y correspond est formé sur le plan méridien par la ligne d'intersection de ce dernier avec l'équateur et la verticale du lieu ; cet angle est égal à celui que forme cette même verticale avec le rayon solaire à son passage au méridien, augmenté ou diminué de l'angle de déclinaison solaire qui est égal à zéro au moment des équinoxes, maximum 23°, 27° au moment des solstices, et varie entre ces deux extrêmes suivant la position du soleil sur l'écliptique.

Si on connaît la latitude du lieu de l'opération (1), on fixera de suite le cercle équatorial du Chronomètre à l'inclinaison qui y correspond, et cela à l'aide de la division du cercle méridien et

(1) Une carte la fournit assez exactement.

de la vis de pression P, qui ne doit être que légèrement serrée. Ceci fait, on déterminera immédiatement et en quelques secondes l'heure moyenne et le plan méridien, ainsi que cela est expliqué page 9.

Mais si on ignore la latitude du lieu, il faut la déterminer en observant la plus grande hauteur du soleil au-dessus de l'horizon. Cette observation est la seule qui exige un peu de temps.

Depuis son lever jusqu'à son passage au méridien, le soleil s'éloigne de l'horizon, et depuis le méridien jusqu'à son coucher, il s'en rapproche. L'image qu'il reproduit sur l'écran effectue un mouvement contraire.

L'instrument ayant été monté comme il a été expliqué, on amènera le cercle horaire dans sa position verticale, en faisant correspondre l'extrémité de sa flèche avec la division XII sur le cercle équatorial, position de laquelle il ne doit pas varier pendant toute la durée de cette observation.

Les cercles verticaux, l'horaire et le méridien seront amenés dans la direction du soleil, en faisant tourner tout le chronomètre sur son socle (premier mouvement); si la vis de pression est desserrée, on pourra faire tourner tous les cercles autour de leur axe horizontal (deuxième mouvement). Par cette double manœuvre on amènera l'image du soleil sur la date du jour; ceci fait, il faudra attendre une dizaine de minutes pendant lesquelles l'image se sera écartée de la méridienne du temps moyen ; il faudra l'y ramener par le premier mouvement du Chronomètre autour de la verticale et examiner avec soin, à l'aide du verre cylindrique, la position de l'image.

Il pourra se présenter trois cas : elle sera à la même place, plus basse ou plus haute.

Dans le premier cas, ou l'image n'aura pas varié de hauteur: ce sera une preuve que le soleil est très rapproché du plan méridien et à sa plus grande hauteur, seul moment de sa course où il reste aussi longtemps stationnaire par rapport à l'horizon. On pourra serrer la vis de pression P et lire la latitude sur la division du cercle méridien.

En faisant une troisième observation, on acquerra la certitude d'avoir bien opéré; si l'image a remonté sur l'écran, c'est que le soleil a franchi le méridien et qu'il descend vers l'horizon.

Dans le second cas, il faudra faire des opérations successives, également distantes, jusqu'à ce que l'image soit restée stationnaire entre deux opérations.

Dans le troisième cas, il faudra renvoyer l'opération au lendemain.

On peut apprécier la latitude sur le cercle méridien à un quart de degré, approximation qui est suffisante pour obtenir le temps moyen à une minute près.

Un degré de latitude correspondant à 111 kilomètres, si on ne change pas de position dans le sens Nord ou Sud de plus de vingt kilomètres, la latitude observée précédemment pourra servir, et à plus forte raison si on se sert du Chronomètre dans la même localité.

L'HEURE MOYENNE

Pour déterminer l'heure moyenne, il faut, comme cela a été déjà dit, fixer le Chronomètre à la latitude du lieu, les cercles ne devant plus varier dans leur position autour de leur axe horizontal.

Avec le premier mouvement (celui autour de la verticale) et le troisième (rotation du cercle horaire sur son axe am), que l'on exécutera simultanément en tenant d'une main le cercle horaire et de l'autre le pied du Chronomètre, on amènera facilement l'image du soleil sur le calendrier, elle montera ou descendra à volonté en faisant le premier mouvement à droite ou à gauche; la coïncidence avec la date étant bien obtenue, sera l'heure moyenne indiquée par la flèche du cercle horaire sur le cercle équatorial, qui est divisé à cet effet de cinq en cinq minutes. Un vernier tracé sur le cercle horaire à côté de la flèche partage en cinq parties égales chacune de ces divisions : ainsi, si la flèche du cercle horaire indique sur le cercle équatorial 9 heures 15 minutes, et que ce soit la 3e division du vernier qui se trouve exactement en face de l'une des divisions du cercle équatorial, il sera 9 heures 18 minutes.

Les heures sont gravées en chiffres romains sur le cercle équatorial, les quarts et les demies y sont indiqués par des divisions plus longues.

LA MÉRIDIENNE

Chaque fois que l'on détermine l'heure moyenne, le Chronomètre se trouve orienté; le cercle méridien coïncide avec le plan méridien, et si, au lieu d'opérer sur un socle spécial, on le fait sur la planchette d'un géomètre, et que l'on trace un trait le long de la face latérale du pied où se trouve gravée l'indication *Nord*, précédant une flèche, le trait obtenu aura exactement cette direction, avec plus de précision qu'avec une boussole, car le Chronomètre n'est susceptible ni d'oscillations, ni de variations.

L'heure ayant été déterminée une première fois, si on laisse le Chronomètre en place pour le restant du jour, chaque fois qu'on voudra vérifier l'heure il suffira de faire tourner le cercle horaire (troisième mouvement).

DÉMONSTRATION

Il est important de remarquer que la ligne qui passe par le petit trou du cercle horaire et par la date sur le calendrier, varie chaque jour, conformément à la déclinaison solaire, et fait avec le cercle équatorial de l'instrument le même angle que fait le rayon solaire avec l'équateur.

Comme c'est la coïncidence de cette ligne avec le rayon solaire, qui détermine la position de tout le Chronomètre, appelons-la *directrice* pour abréger la démonstration.

Dans la mesure de la latitude, la directrice, en coïncidant avec le rayon solaire, fait avec la verticale le même angle que lui; elle fait aussi avec le cercle équatorial du Chronomètre un angle égal à celui que le rayon solaire fait avec l'équateur : il en résulte donc que le cercle équatorial du Chronomètre fait avec la verticale le même angle que l'équateur, celui qui mesure la latitude.

Lorsqu'on détermine l'heure moyenne, le cercle équatorial fixé à la latitude fait avec le plan horizontal le même angle que l'équateur. Ces deux plans font aussi des angles égaux avec une même ligne, puisque la directrice est confondue avec le rayon solaire. Ces deux plans coïncident donc, et, par suite, le cercle méridien coïncide avec le plan méridien comme perpendiculaire en même temps, soit au plan horizontal, soit à l'équateur.

Aux pôles, ces deux derniers plans se confondant, l'orientation du Chronomètre n'est plus possible; mais jusqu'à 75°, il reste dans les limites de la minute; la terre n'est pas habitée jusqu'à cette latitude.

En déterminant l'heure, on trouve deux positions où le Chronomètre remplit les conditions indiquées. C'est que le problème a deux solutions symétriques par rapport au plan méridien : à neuf heures du matin, le Chronomètre pourra indiquer également trois heures du soir. Si on n'avait pas la certitude de distinguer la position vraie de la position symétrique, il est facile de l'acquérir en observant si le soleil s'éloigne ou se rapproche de l'horizon.

Dans la position symétrique, l'image du soleil aura au bout de quelques minutes varié de hauteur sur le calendrier, tandis que dans la position vraie, l'image coïncide toute la journée avec la date.

La certitude de distinguer le matin du soir disparaît à mesure que le soleil se rapproche du plan méridien, aussi n'est-il plus possible de déterminer l'heure moyenne avec la précision d'une minute entre onze heures du matin et une heure du soir, parce que le rayon solaire se confond avec le plan méridien à midi, moment où les deux solutions viennent aussi se confondre. L'incertitude est d'autant plus grande que le rayon solaire se rapproche le plus de la verticale, ce qui a lieu sous les tropiques, à midi.

Mais placé avant onze heures, le Chronomètre donnera l'heure par la manœuvre du cercle horaire; si, à midi, l'image du soleil ne coïncide plus exactement avec la date, c'est que le cercle équatorial n'est pas bien à la latitude. Il faudra corriger son inclinaison en manœuvrant le cercle méridien; on sera bien certain que, passé une heure, les résultats que fournira le Chronomètre seront aussi exacts que possible.

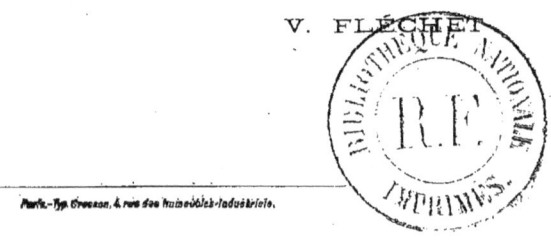

V. FLÉCHET

CHRONOMÈTRE REPLIÉ DANS SA BOITE

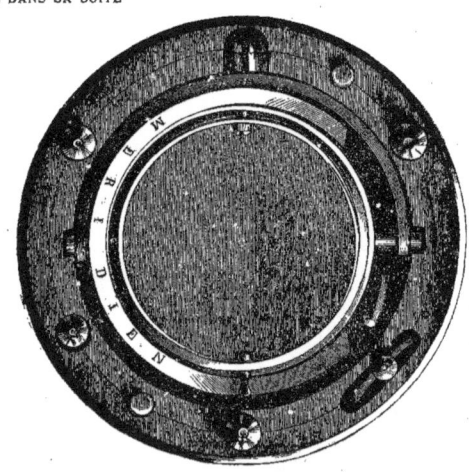

www.ingramcontent.com/pod-product-compliance
Lightning Source LLC
Chambersburg PA
CBHW050358210326
41520CB00020B/6361